中国航天基金会 权威力荐
中国航天科工二院二〇八所 组织审定

马 倩/主编

谢露茜　唐纹　郑焱/编著

王柯爽　郭真如/绘

③ 愿望实现了吗

電子工業出版社.

**Publishing House of Electronics Industry**

北京·BEIJING

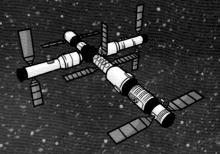

**图书在版编目（CIP）数据**

空天宝贝登月吧. 愿望实现了吗 / 马倩主编；谢露茜, 唐纹, 郑焱编著；
王柯爽, 郭真如绘. — 北京：电子工业出版社, 2022.5
ISBN 978-7-121-43237-8

Ⅰ. ①空… Ⅱ. ①马… ②谢… ③唐… ④郑… ⑤王… ⑥郭… Ⅲ. ①月
球探索－少儿读物 Ⅳ. ①V1-49

中国版本图书馆CIP数据核字（2022）第060783号

责任编辑：季 萌
印　　刷：河北迅捷佳彩印刷有限公司
装　　订：河北迅捷佳彩印刷有限公司
出版发行：电子工业出版社
　　　　　北京市海淀区万寿路173信箱 邮编：100036
开　　本：889×1194　1/16　印张：10.75　字数：30.3千字
版　　次：2022年5月第1版
印　　次：2022年5月第1次印刷
定　　价：148.00元（全3册）

凡所购买电子工业出版社图书有缺损问题，请向购买书店调换。若
书店售缺，请与本社发行部联系，联系及邮购电话：（010）88254888，
88258888。
质量投诉请发邮件至zlts@phei.com.cn，盗版侵权举报请发邮件至dbqq@
phei.com.cn。
本书咨询联系方式：（010）88254161转1860，jimeng@phei.com.cn。

亲爱的小朋友们：

习近平总书记2022年5月2日在给航天青年的回信中写到："建设航天强国要靠一代代人接续奋斗。希望广大航天青年弘扬'两弹一星'精神、载人航天精神，勇于创新突破，在逐梦太空的征途上发出青春的夺目光彩，为我国航天科技实现高水平自立自强再立新功。"

少年儿童是祖国的花朵，是民族的希望。"空天宝贝"系列丛书是专门为小朋友们设计的，以航天国防知识为科普内容的原创绘本，由中国航天科工集团旗下的空天文创品牌创作。《空天宝贝登月吧》（全3册）作为"空天宝贝"系列丛书的第一部，讲述了空天宝贝"天宝"和他的朋友们克服艰难险阻，努力学习制造火箭的故事，希望小朋友们像空天宝贝一样，勤学好问，团结友爱。在这套绘本的创作过程中，特别感谢张弦叔叔的悉心指导，感谢郭丽娟阿姨分享的宝贵经验。

希望大家喜欢天宝、喜欢小朵。后续，"空天宝贝"系列绘本还会有很多精彩的故事，更会有"空天宝贝"系列动画片，请大家持续关注哦！

我们一起点燃

空天宝贝

天宝
的小宇宙吧!

欧阳龙教授最后一次来进行发射前联合测试，
这是火箭发射前的重要环节，不可缺少。

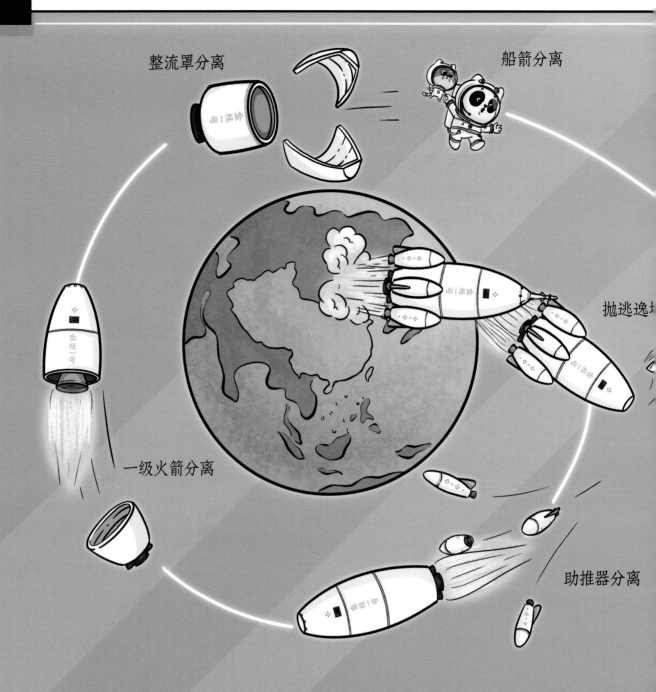

整流罩分离　　　　　　　　　　　　　　船箭分离

抛逃逸塔

一级火箭分离

助推器分离

欧阳龙教授说："火箭在抛逃逸塔、助推器分离、一级火箭分离、整流罩分离、船箭分离后，把你送到太空，它的使命就完成了，接下来就是飞船的任务了！"

"可是，我没有飞船啊！"天宝说。

光速蜗牛

欧阳龙教授连忙安慰道："别担心！我给你带来了超级宇宙飞船——光速蜗牛！有了它，你就能在宇宙中遨游了！"

光速蜗牛安装在金桂一号上是那样合适，简直是为天宝量身打造的！

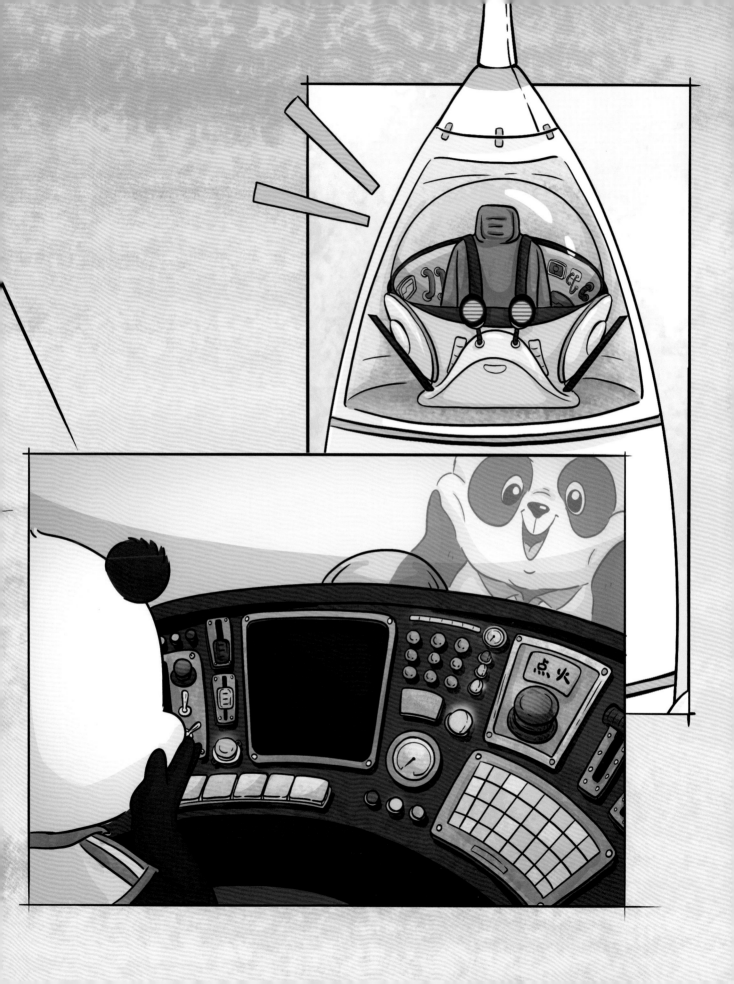

天宝收拾好行李，准备出发。

天宝高兴地说："我要带着棒棒糖，万一路上遇到天宫空间站，就送给航天员叔叔阿姨！"

出发啦！天宝完成了发射前的准备，给自己和蜜枣系好安全带，"十！九！八！七！六！五！四！三！二！一！点火！"

伴随着火焰从火箭尾部喷出，金桂一号逐渐升空，成功地把光速蜗牛送达轨道！

天宝和蜜枣忽然感觉身体轻飘飘的。解开安全带，他们居然从座位上飘了起来。

窗外是浩瀚的宇宙，远处有漫天星斗，身边还有眼睛看不到的粒子宝宝。

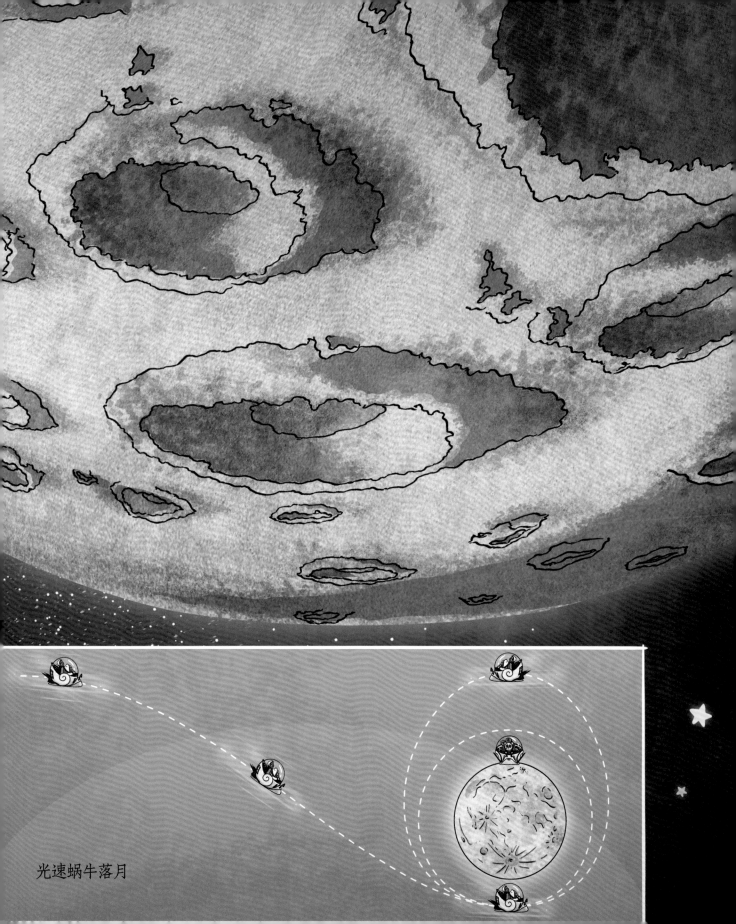

光速蜗牛落月

天宝说："怎么一片光秃秃的，金色桂树在哪儿呢？"

蜜枣："喵呜？"

天宝找啊找……

挖啊挖……

他翻山越岭，终于在一块大岩石的后面发现了一棵金色桂树！

天宝兴奋地大喊："原来月亮上真的有金色桂树啊！"

天宝小心翼翼地摘了一枝金色桂花，准备带回地球。

天宝高兴地说："太好了！
小朵的愿望终于能实现了！"

返程的路上，天宝真的遇到了天
宫空间站，可棒棒糖早就吃完啦！

回到家，天宝把金色桂树的枝条放在阳台，悉心照料，等着小朵回来。

小朵在窗外喊道："天宝！"
小朵回来了！！

他们在一个美丽的地方，对着金色桂花许愿。

小朵："金色桂花啊金色桂花，我想要个大书包，装满好吃的去看望奶奶。"

大书包没有出现，小朵的愿望也没有实现。
天宝失望地说："怎么会这样……"

小朵看着失落的天宝说："没关系，天宝，谢谢你为了我制造火箭去月亮，有你这样的朋友才是最重要的呀。"

天宝给小朵讲了自己制造火箭去月球的整个过程。

"天宝，你用的燃料怎么比神舟号飞船还多啊！是不是因为你太胖了？"

天宝说："是蜜枣太胖啦！"

咦？蜜枣好像在天宝家的花园里发现了什么！，
原来，金色桂树上的小蜜蜂是只许愿蜂啊！

# 科普

 《空天宝贝登月吧》

知识点

▶ ▶ ▶ ▶

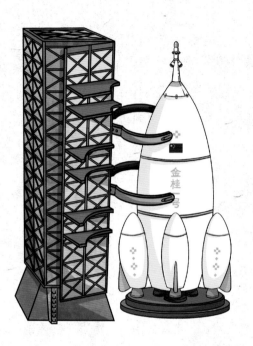

**发射前联合测试：** 发射前进行的人、船、箭联合测试是载人航天发射任务的"彩排"，也是火箭和飞船运往发射区前最后一次全系统联合调试。联合测试的目的是验证运载火箭和航天器是否符合飞行试验的各项要求，并验证测试发控系统和整个发射场系统的状态是否合格。除了火箭的推进剂未加注、火工品不点火外，一切都是按照"真实模拟发射实况"的要求，"真刀真枪"地进行操练。

（来源于书籍《航天工程设计实践》）

**宇宙飞船：** 目前，人类已研制出了 3 种载人航天器，即宇宙飞船、航天飞机和空间站。其中前两种主要用作天地往返运输器，空间站不返回地面，而是在太空轨道上长期运行。宇宙飞船是最先被使用的载人航天器，它借助于运载火箭发射进入太空，绕地球轨道运行或进行轨道机动飞行，飞船内有适合航天员工作和生活的人造环境。目前我国已经研制出了"神舟"系列载人飞船。

（来源于书籍《载人航天器技术》）

光速蜗牛是未来超级宇宙飞船，它不仅能在太空飞行，还能像战斗机一样，在空中飞行。

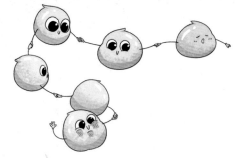

太空"不空"：太空不是严格的真空，它其中存在着许多微小的粒子，比如光子、质子、电子、中子、中微子等。地球周围的空间环境中，主要存在3种高能粒子辐射源：地球辐射带、银河宇宙线和太阳粒子事件。太空特有的空间辐射环境也是航天员要面对的挑战。

（来源于中国政府网）

**尽管太空很"热闹"，天宝和蜜枣用肉眼也看不到其中的粒子呢！**

太空射线：除了粒子，太空中还有各种射线。宇宙射线一般指来自于宇宙中的一种具有相当大能量的带电粒子流。1912年，德国科学家韦克多·汉斯带着电离室在乘气球升空测定空气电离度的实验中，发现电离室内的电流随海拔升高而变大，从而认定电流是来自地球以外的一种穿透性极强的射线所产生的，于是有人为之取名为"宇宙射线"。

（来源于杂志《科技中国》）

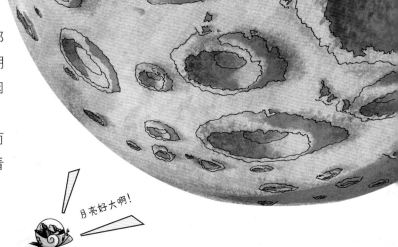

月亮"背面"：你知道吗？月球一直都是"正脸"朝着地球呢！由于月球自转的周期和月球绕地球公转的周期相等、方向相同，因此，我们在地球上永远只能看到月球的正面，而相对的另外半球被称为月球背面。月球背面的绝大部分地区是我们在地球上永远也无法看到的，使得月球背面一直是神秘的未知世界，一度成为千古之谜。

月亮好大啊！

（来源于书籍《前沿科技视点丛书·探月工程》）

"鹊桥"卫星：2019年1月3日，嫦娥四号探测器在月球背面南极–艾特肯盆地内的冯·卡门撞击坑内成功软着陆。然而在它背后，"鹊桥"中继星功不可没。由于受到月球自身的遮挡，着陆在月球背面的探测器无法直接实现与地球的测控通信和数据传输，因此，"鹊桥"中继星率先到位，时刻保障着探测器与地球的通信，成功解决了这个通信难题。"鹊桥"中继星创造了多个世界第一，如人类历史上第一颗地球轨道外专用中继通信卫星，第一颗连通地月的中继卫星等。

（来源于书籍《前沿科技视点丛书·探月工程》）

**月海**：我们从地球上看月球表面，能看见明暗不同的区域，暗色区域是月海，明亮的区域是月陆。月海是月球表面的主要地理单元，总面积约占全月面的 25%。迄今已知的月海有 22 个。在月球正面的月海有 19 个，约占整个半球表面积的一半。最大的一个月海叫作风暴洋，位于月球正面的西北部，宽达 1700 千米，面积约 500 万平方千米。此外，位于月球正面较大的月海还有澄海、丰富海、酒海、危海、云海、湿海、知海、界海、史密斯海和南海等。

（来源于中国航天科技集团有限公司官网）

**月陆**：月球上暗的区域是月海，而明亮的部分就是月陆了。月陆也被称为月球高地，那些区域有大量的山脉，最大的山脉叫亚平宁山，长达 6400 千米。如果你降落在月陆区域，就能看见峰峦起伏的壮阔景象。月陆表面是由结晶岩石组成的，主要的岩石类型有斜长石和富含镁的结晶岩套。

（来源于中国航天科技集团有限公司官网）

不知道天宝降落在哪了呢？

- - - - - - - - - - - - - - - - - - - - - - - - - - - - - - - - - - - - - - - - - - - - - - - - - - - - - - - - - -

**月坑**：月球表面有许多圆形凹坑构造，称为月坑，大多数月坑的周围环绕着高出月面的环形山。月坑大小不一，小的直径只有几十厘米甚至更小，大的直径达 200 多千米。月坑绝大多数是由撞击作用形成的。著名的哥白尼月坑是月球正面著名的年轻月坑之一，位于月面中央偏西北和雨海南面，其环形山的直径为 93 千米，深度约 2.8 千米。第谷月坑是月球正面典型的有辐射纹的月坑，位于月面中心与南极之间。

（来源于书籍《探索月球》）

**月壤**：月球表面的绝大部分都被月壤覆盖。月壤结构松散，主要由岩石碎屑、粉末、角砾和撞击熔融玻璃组成。在月球各处，月壤的厚度不同，薄的地方只有几厘米，厚的地方有 5~6 米。月球土壤是地球上某些稀有化学元素的重要来源。目前在地球上提取这些元素的成本是非常昂贵的，一旦有了月球基地，开采这些原材料就变得非常轻松了。

（来源于书籍《探索月球》）

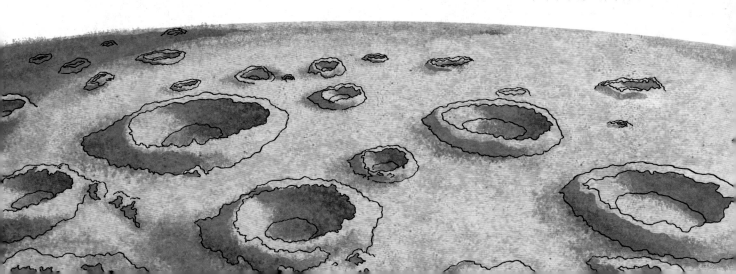

**航天服**：航天服也称宇宙服、宇航服，是在载人航天活动中航天员穿的一种服装系统，按功能不同可分为舱内航天服和舱外航天服两种。舱内航天服也称应急航天服，是航天员在飞船舱内所穿的航天服。舱内航天服一般由航天头盔、压力服、通风和供氧软管、可脱戴的手套、靴子及一些附件组成。舱外航天服比舱内航天服要复杂得多，它是航天员出舱进入宇宙空间进行活动的保障和支持系统，俨然是个小卫星。

（来源于中国航天科技集团有限公司官网）

看来天宝要准备舱内和舱外两种航天服才行啊！

**月岩**：即月球表面的岩石，根据对月岩和月壤样品的研究，科学家们认为月球岩石可分为四大类：月海玄武岩、克里普岩、高地斜长岩和角砾岩。其中月海玄武岩占大多数。月海玄武岩的厚度在 500～1300 米之间，少数盆地的中央，厚度可达到 4500 米。据估计，月海玄武岩的体积约为月壳体积的 1%。典型的月海玄武岩，由斜长石、辉石和橄榄石组成，这一点与地球玄武岩相似。月岩中共发现 55 种矿物，其中 6 种是地球上未发现的。

（来源于文章《月海玄武岩与月球演化》）

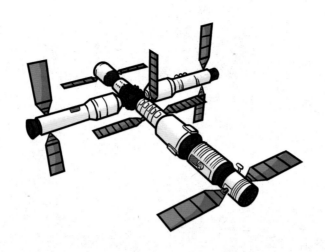

空间站：载人空间站是一种在近地轨道长时间运行，可供多名航天员在其中生活、工作和巡访的载人航天器，又称航天站、太空站、轨道站。空间站的基本组成是以一个载人生活舱为主体，再加上有不同用途的舱段，如工作实验舱、科学仪器舱等。空间站的出现结束了人类只能在太空短暂旅行的时代，为将来进驻太空迈出了第一步。

（来源于书籍《认识航天：航天飞机·空间站知识与鉴赏》）

天宫空间站：即中国空间站。中国空间站是一个在轨组装成的具有中国特色的空间实验室系统，中国空间站计划的最终目标是在低地轨道自主建设一个常驻的大型空间站，并开展大规模的空间试验。天宫空间站的基本构型是由一段核心舱和两段实验舱组成"T"字形，如果在基本型的基础上增加三舱，还可构成空间站的扩展型——"十"字形。

（来源于书籍《国际空间站》）